# 路边偶遇的昆虫

—— 真实的自然精灵

［法］弗朗索瓦·拉塞尔　斯特凡·赫德 著

聂云梅 译

生活·讀書·新知 三联书店　生活書店出版有限公司

# 温馨提示

此书中的所有文字皆为那些真实存在的精灵赋予的灵感。

如果我们相信它们被赋予了魔力，那么魔力也是真实可信的。

自 18 世纪起，这些精灵就拥有了拉丁学名，当时科学已成为了西方学术的衡量标准。从那时起，广为流传或是与宗教无关的名称和信仰便逐渐消失。然而这些名称其实关乎精灵的行为或是神话传说。

有的精灵不愿透露它们的确切名称，它们宁可守口如瓶。于是我们便用"*sp.*"来标签，"*sp.*"是"没有确切名称种类"的意思（例如熊蜂，用 *Bombus sp.* 表示）。

Les vraies
Fées
de la
nature

# 前 言

　　这些精灵来自何方？人类自降临于世后，就对此无从解释。自然及其创造物连同我们的惧怕已深深植根、覆盖于我们的文化及想象中。我们的信仰里已留下了它们的痕迹，无论万物有灵论、异教徒论、多神论，还是一神论……尤其最近，融合了北方信仰的古代神话逐渐让这个微小群体的主角们——登场。微小若昆虫或是别的动物吗？池塘薄雾轻起，停留在芦苇上的蜻蜓转头望向我们，大眼圆睁，它不正是水之精灵吗？看着它从水中浮出，由灰色无翅的幼虫华丽演变为彩色振翅的完美尤物，我们的祖先定然如此想象过！

　　某些考林辛式铜柱象征着挥舞蝴蝶翅膀的年轻女孩。近来一段时间，人们流行用昆虫的翅膀来表现神仙的形象。*Clochette* 及其他精灵不就是蜻蜓或蝴蝶吗？爱尔菲学（爱尔菲学是指专门针对北欧神话中象征空气、火、土等精灵的研究。——译者注）研究者公开承认，大多数精灵其实都起源于昆虫。例如，*Pillywiggins* 就被描述成了一种蜜蜂大小、长着蝴蝶或蜻蜓翅膀、尤爱生活在花丛中的精灵。"它们是否可以让那些破坏植物的人死亡呢？"再举一例，若虫——昆虫幼虫或水蛭，昆虫的小幼虫全身赤裸，被包裹在了薄膜翅膀里，而它们是否能"挺直、吸入我们的精气和灵魂"呢？一神论的天使们难道不就是人们从鸟或昆虫中得到灵感而创造的信使吗？如华丽变身的蝴蝶，正飞往光明……

　　无独有偶，"金龟子"这个单词来源于希腊语 *skarabos*，可能指赫赫有名的卡拉波斯女神（卡拉波斯，邪恶的仙女教母——译者注），她不仅作恶多端、丑陋不堪、弓腰驼背，而且还会带来厄运。假如这一切都是真的，那么就不要去认识金龟子精灵了。

　　北欧是小精灵们的圣地。所有与精灵相关的信仰旨在尊重生还者。英国人是如何做的呢？他们途经花园时就会给獾（土地的侏儒？）喂食；而在法国，千万不能这样效仿，因为在法国，獾最悲惨的结局就是被吠叫的狗找到，然后咬死。为什么由加勒王子本人发起的全国昆虫周（全国昆虫周由英国皇家昆虫学会组织，每两年举行一次，旨在让所有人了解昆虫。——译者注）经久不衰？关乎自然、引起人们共鸣的故事和神话是否起到了推波助澜的作用？

长期流传的故事不过被常常用来讽喻我们忌讳或不被认可的行为而已，如：性欲、谎言、偷盗、谄媚等。《小红帽》里的大灰狼不就是一头大色狼吗？森林里沉睡的睡美人不过是个幌子，实则故事想要告诉人们性成熟后是需要等待的。所有与惧怕狼有关的故事及儿歌说明了什么？无论如何，这些故事和用光明来表现的自我并没有让人们感受到真诚的善意，也未完全偏袒存活的物种。狐狸闲庭信步，猎人马上追捕！苍蝇飞过客厅，炸弹瞬间袭来！胡蜂盘旋屋顶，消防员立刻出动！

为什么我们自童年至整整一生都未生活在奇妙的真实世界里？我们的身边，有成千上万的物种正为我们的幸福兢兢业业地工作着。它们净化空气和土壤，为我们食用的果蔬授粉，回收垃圾，为土地施肥，让我们在散步中感到愉悦，为我们的夏天充当背景音乐，它们让我们的孩子欣喜若狂……无害的大胡蜂精灵既是捕食者也是授粉者。为什么我们一直不把它们当作善良的精灵呢？它们的确很善良。

这本书正是要邀请您去邂逅这些生活在土壤里、正濒临灭绝的小小居民。请您换个角度来看待它们。

无论我们是否相信童话，这本书里的所有物种都是名副其实的精灵。里面所提及的生物均有翅膀，也同为昆虫，然而还有很多其他物种有待我们去共同发现。

精灵这个词来自拉丁语 *Fatum*，意为"命运，天命"。人类的命运是否也与昆虫还有其他自然物种的命运息息相关呢？它们因我们而承受的衰败是否代表了厄运呢？我们自然要为这种巫术觅得解药！当您合上本书时，请不要再用从前的眼光去看待昆虫和其他真正存在的精灵了。假如您看到它们中的谁路过，我希望，那时您会告诉自己："瞧，小精灵来了！"

弗朗索瓦·拉塞尔

　　自 2006 年起，我创新了一种摄影技术，我觉得这种技术可使图片干净利落并完整呈现我的拍摄对象。和我一贯的拍摄方式一样，在拍摄此书的图片时，昆虫和植物均被放置在白色的背景前，我要么在原位，要么在摄影棚里拍摄它们。至于光线的问题，我使用的是一整套可操控的无线电小型闪光装置，只要镜头一捕捉到拍摄对象，它们就可以准确无误地照亮对象，并让背景消失。有时我认为有必要隐去植物茎的下端，并将我们那些美丽而神秘的精灵放置在上面。

　　闪光装置既未产生高温效果，也未对拍照的动、植物造成伤害。

　　简言之，此书中的图片既无任何魔法或秘密，更没有 Photoshop 长久而了无生趣的修图痕迹。摄影世界里的所有东西均为自由发挥，而捕捉视野的瞬间更要随性。

斯特凡·赫德

# 蜉蝣精灵

蜉蝣
*Ephemera vulgata*
希腊语*ephêmeros*
意为"持续一天"
蜉蝣目。

自然界里的此精灵常常纹丝不动，它们生性优雅，并等待良机引人注意。当它们羽化后，生命稍纵即逝。而当它们无翅生活在水下的时候，生命要维持得长久一些，有时能挺过两个冬季。它们藏身于淤泥里，或是攀附在小溪的石头下，人们可以暗中窥伺它们的动静。羽化后此精灵与其同类只为爱情和繁衍而活，几小时、几天后……

## 天赋
巨大的尾巴可以让它们在交配时保持飞行的姿势。

## 魔力
翻转小溪石头的人发现了它们，于是它们的生命得以延长一季。

# 帝王精灵

帝蜻蜓
*Anax imperator*
拉丁语*anax*
意为"老爷",
*imperator*意为"帝王"
蜻蜓目。

它们是水中最大的精灵。它们在自己的领地上空不停歇地飞行,寻找空中或水里的猎物,比如一只栖息于水面上的蝌蚪。它既好奇又有恒心,于是接近每一个擅自闯入其领地的动物。它们用上千只复眼观察着闯入者,对方也颇觉讶异。它们会在与天空平行的世界——平静的水面下无翅生活两年,然后幻化成振翅的精灵。在其所属的大蜻蜓家族中,此君王必将圈地于沼泽或水生植物丰富的池塘四周,因为那是它们产卵的温床。

## 天赋

它们可以 360 度无死角洞察一切,以及往后飞行。

## 魔力

当它们飞过我们的头顶,翅膀拂过的微风将会拭去一切阴暗的念头。

# 混合精灵

混合蜓
*Aeschna mixta*
拉丁语*æschna*
意为"蜻蜓类的昆虫"
蜻蜓目。

在大蜻蜓家族中，它们身形娇小，故不是那种身形巨大的精灵。浮出水面之前，它们没有翅膀，且和别的水生精灵共同生活，比如龙虱、蜉蝣精灵。它们躲藏在淤泥里，用鱼叉，也就是它的节肢下颚去捕获猎物。猎物可以是昆虫的幼虫、蝌蚪或小鱼。终有一日，它们沿着水生植物爬出水面，先纹丝不动，继而变成飞行的成年蜻蜓。翅膀一晾干，它便振翅飞翔去寻找猎物或是昙花一现的爱情。

## 天赋
它们飞行速度极快，有时甚至就地起飞。

## 魔力
轻轻捉住它们的人，见它们扑腾着翅膀，便能体会到快乐和充实的双重感觉。

# 色蟌精灵

色蟌
*Calopterix splendens*
希腊语*cali*
意为"美丽的",
*ptere*意为"翅膀",
拉丁语*splendens*
意为"闪亮的"
蜻蜓目。

它们是水里最美的精灵吗？它们的身体会反射出美妙的蓝色或绿色的光，而雄性色蟌飞翔时翅膀上也有亮斑在"闪闪发光"。要邂逅此精灵，就得去水边探探险，仔细观察它们有时栖息的岸边叶丛，我们会发现雄性色蟌在闪闪发光。它们在水下产卵，幼虫在几个月内都会保持隐形状态。

## 天赋

抬起雄性的腹部，你便会发现一个明亮的印记，这就是反射镜。这暗示着其他的雄性得去别处逛逛了。

## 魔力

倘若此精灵闪闪发光了二十多次，那么您将会因一条好消息而眼前一亮。

# 绿精灵

绿丝螅
*Lestes viridis*
希腊语*viridis*
意为"绿色的"
蜻蜓目。

有时成群结队，有时出双入对，有时形单影只，此类水生小精灵默默无闻地生活着。当它们和茂盛疯长的草本植物融为一体时，我们就再也分辨不出它们的颜色和体形了。它们貌似弱不禁风，却能捕食比它们身形更小的精灵，并用上颚将它们嚼碎。它们生活在与天空平行的水下世界里的无翅幼虫也会捕食。

## 天赋
它们有时在露出水面的草秆上产卵，而幼虫也是沿着这根草秆悄悄潜入水里的。

## 魔力
与其四目相视，新奇而超满足的感觉将充盈全身。

# 娇小精灵

小豆娘
*Coenagrion scitulum*
拉丁语*agrion*
意为"凶残的、野性的"，
*scitulus*意为
"娇小可爱的、魅力四射的"
蜻蜓目。

此小精灵几乎不接近人类。只有进入其领地里的好奇者才会注意到它们的蓝颜色。它们的领地风平浪静、植被茂密。若有运气，人们会惊叹于如同此图所示的雌雄交配场景，直到它们将卵安放在水下的隐蔽处，才会彼此分离。

## 天赋

它们具有 360 度的视野，因此可以发现在任意地方出没的生物。

## 魔力

遇到雌雄娇小精灵交配的人，一定会迎来友情或爱情。

# 大精灵

大蜻蜓
*Aeschna grandis*
拉丁语*Aeschna*
意为"蜻蜓类的昆虫"，
*grandis*意为"大的"
蜻蜓目。

只有那些在譬如森林、沼泽或是偏僻的支流等植物自由生长的地方冒险的人才会遇到如此体形巨大、颜色深暗的精灵。如果大精灵没有隐藏在自己领地里的植被中，它们的缓慢飞行一定会引起我们的注意，它们有时会飞过树林，有时则到夜晚来临才会出现。

## 天赋
翅膀助它们追捕时迅如疾风，哪怕是飞翔于天际中。

## 魔力
夜色深沉，如果你行走于森林中又遇到了大精灵，那么在黎明来临以前，它们都会一直保护着你。

# 红精灵

红蜻
*Crocothemis erythraea*
拉丁语*Croco*
意为"藏红花色",
希腊语*Themis*
意为"天空和大地的女儿",
*erythros*意为"红色"
蜻蜓目。

北欧人民绝不会遇到此精灵。它们和同类们一样,更喜欢炎热的地方,比如非洲或者欧洲南部。然而,也许是气候回暖的缘故,它们渐渐向北飞行,从此便加入了英格兰的非人类居民的群体中。如果你要寻找雌性,那是枉费力气,因为它们呈浅黄色,并不引人注目。反而是猩红色的雄性比较醒目,尤其是当它们虎视眈眈地看守着自己的领地的时候。

## 天赋
它们在空中交配,而它们的孩子则可以在环礁湖咸淡水混合的环境里生活。

## 魔力
假如红精灵来与我们相会,那么太阳公公便躲起了猫猫,它们意在警告我们:最好原路返回。

# 悲情精灵

基斑蜻
*Libellula depressa*
拉丁语*depressus*
意为"行色匆匆"
蜻蜓目。

无法打探此精灵的性情，它的名字很符合其腹部扁平的形状。然而，当我们路过其领地时，蓝色的雄性基斑蜻飞驰而来，似乎喜形于色。此精灵亲近人类，哪怕是在花园中刚挖掘好的小水塘里，它们也会迎接自己的无翅孩子。

## 天赋
它们的后代即使藏匿在一洼水会瞬间蒸发掉的淤泥里也可以幸存下来。

## 魔力
假如我们花园中的水塘迎来了悲情精灵，那么这一年我们将与快乐相伴。

# 条纹精灵

条斑赤蜻
*Sympetrum striolatum*
希腊语 *Sym etron*
意为 "被挤压的腹部"，
拉丁语 *striatus*
意为 "条纹的"
蜻蜓目。

此小精灵的体形比它的某些同类更为细长。停在小木桩或是地面上的红色雄性颇吸引人眼球。它们在停歇的地方用上千只复眼观察着我们。只有研究过蜻蜓的爱尔菲学研究者才会注意到其身体上的条纹和其可媲美玻璃的透明翅膀。它们偶尔聚集成群，并往其他地方迁徙。

## 天赋
它们产卵后，卵就被附上了一层具有固定和保护作用的透明胶质凝固物。

## 魔力
人们透过它们的翅膀，可以窥见诸多隐身精灵。

# 优雅精灵

北方尖头螽
*Ruspolia nitidula*
拉丁语*conocephalus*
意为"尖脑袋",
*nitidus*意为
"发亮的、闪光的"
直翅目。

绿色或者黄色的夜间精灵,藏身于疯长的野草、荒地或自由草场中,人们几乎看不见它们。夜晚,它们呼叫同伴,发出长久而尖锐的声音,但很少有人会听到。姑且认为此精灵不愿和人类有任何接触,它们对人类避而不见,但我们却仍可以在道路两边或是荒芜的花园里遇到它们。

## 天赋
雌性身后的巨大膜片可以让其将卵产在草皮上。

## 魔力
听到它们示爱的叫声的那个人,将会聆听到陌生而亲切的声音。

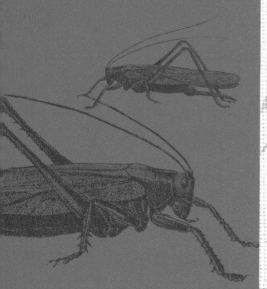

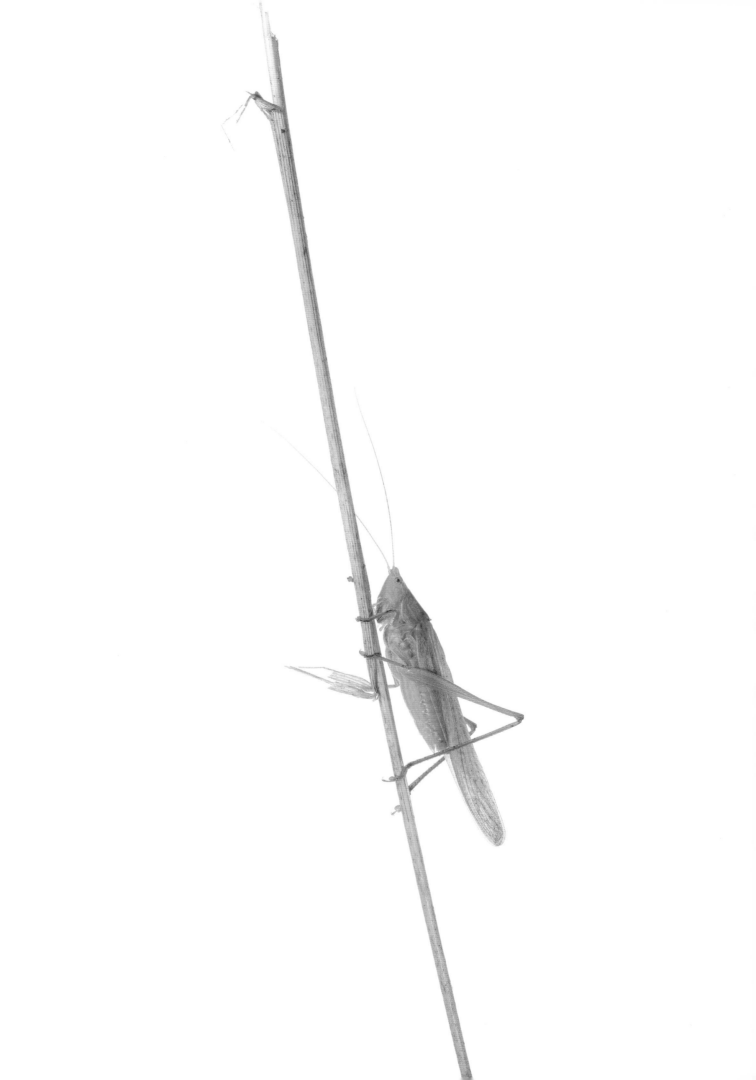

# 斑点精灵

斑点螽

*Leptophyes punctatissima*

希腊语*leptos*

意为"细的、瘦的",

拉丁语*punctilum*

意为"小圆点"

直翅目。

夜里唱歌的小精灵,常常守望于人类的花园里。它们吃花园里疯长的野草和人类种植的草,但就像施了魔法一样,它们会寻觅有四片叶子的三叶草。只有对自然感兴趣的人才会听到它们的歌声,也只有他们才能听出那隐约的、有节奏的刮擦声。

## 天赋
借助小刀形状的产卵管,它们在树皮下产卵。

## 魔力
它们的伪装术极其高明,也只有看得到它们的斑点的人才会在一周里因猎奇而得到补偿。

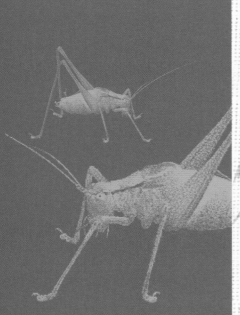

# 祷告精灵

螳螂

*Mantis religiosa*

希腊语*mantis*

意为"先知、预言家"，

拉丁语*religiosa*

意为"宗教的"

螳螂目。

大型精灵。因信仰而异，它们忽而变身女神，又忽而幻化成女魔头。它们的轮廓、颜色、掠夺者的钩子，它们的同类相食，它们的性爱以及犀利目光，永远都让人过目不忘。它们举起前臂的时候，是在祷告还是在遮掩一张神似罪犯的脸庞呢？显然，没有任何一种精灵，经过其身旁时可以幸免于难，包括它的同类，有时甚至是它的丈夫。

## 天赋
它们的脑袋随时灵活转动，因此可以暗中窥伺即将到来的猎物或是其领地拜访者的动静。

## 魔力
它们为迷路的孩子或旅人指路，与其对视后，幸福将尾随而至。

# 臭虫精灵

臭虫
*Corixa sp.*
希腊语*coris*意为"小甲壳"
半翅目。

平静水面下的小精灵，红蜻及椿象的表亲，水生生活为其带来了微海藻及微生物。臭虫精灵用巨大而纤细的爪子抓住它们，由此补充游泳消耗的能量。重回水面时，它们的体毛得以呼吸氧气。有时，它们在飞行中寻找伴侣或是更舒适的水域。

## 天赋
人类很难听到雄性臭虫呼叫，它们在引诱雌性时会在水底发出喧闹的唧唧声。

## 魔力
能在水面突然抓到它们的人，将拥有敏锐的洞察力。

# 宪兵精灵

红蜻
*Pyrrhocoris apterus*
希腊语*pyrrhocoris*
意为"红色火焰的臭虫"，
*apteros*意为"无翅膀"
半翅目。

与人类很亲近的精灵，有时聚在椴树下举行大规模的家庭秘密聚会。它们尖尖的嘴巴吸吮椴树和其他植物的汁液，有时它们也吸食其他小型精灵的内脏，无论对方是死是活。年幼的红蜻精灵全身几乎为红色，没有大块的黑色斑点。成年后，斑点显露，这让它们看起来很像我们的宪兵或是以前的战士。当此精灵低头时，像极了一张人类的面具——两只圆眼、一个鼻子、一撮山羊胡，还有两小滴眼泪。

## 天赋
它们交配可以持续三十小时。

## 魔力
一分钟内紧盯着红蜻面具看的人将会发现他的悲伤消失得无影无踪。

# 蜻精灵

斑须蜻
*Dolycoris baccarum*
希腊语*penta*
意为"五边形"
半翅目。

红蜻精灵的表亲，人们有时也将其称为斑须蜻精灵。与其诸多体形为五边形的臭虫同类一样，它们以花朵或浆果为生，品尝着它们的汁液。此类精灵不会因为人们的陪伴而受到干扰，它们在花园里享受着甜蜜的快乐和人们好客的热情，并任人观看其产卵过程。它们的卵粘在没有剪枝的叶片下，逃离了人们的目光。

## 天赋
假如它们被不小心抓到或是感觉危机四伏，便会释放出一种难闻的气味。

## 魔力
斑须蜻的气味驱散了阴暗念头。

# 飞虱精灵

飞虱
*Chrysoperla sp.*
希腊语*khrusos*意为"金色的"
脉翅目。

轻盈而脆弱的精灵,别样的金色目光让人沉醉其中。还未羽化,它们便学会了谋生。借助6只小爪子,它们爬行于植物上寻找蚜虫或其他幼虫。长出翅膀后,它们有花粉和甘露作为美食。冬季来临,它们寻找洞穴或是可以栖身的人家,然后将自己包裹在顶部的翅膀下,一动不动。

## 天赋

它们在牢固的线端产卵,而这根线隔开了卵与食卵者。

## 魔力

盯视它们的金色目光后,将会仁慈满怀。

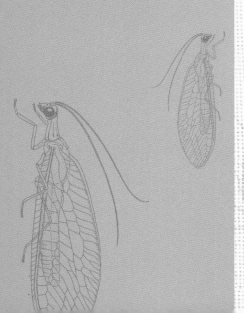

# 蝶角蛉精灵

黄花蝶角蛉
*Libelloides coccajus*
拉丁语*libelloides*
意为"蜻蜓形状"
脉翅目。

倘若我们深入到沐浴着阳光、炎热的草原上，我们很容易遇到此草场小精灵。然而它们不愿被人类看见，它们和蝴蝶精灵、兰花共享着一方天地。没有任何一只探察其领地的小精灵可以躲避这个捕食精灵。无论年幼，还是尚未羽化而匍匐地面，抑或是长大振翅疾驰天空，它们都能捕获猎物。

## 天赋
它们飞行时定位准确，因此可以捕捉正在飞行的苍蝇。

## 魔力
它们被阳光炙烤，而那个靠近并数出其翅膀纹络的人，一定会收到好消息。

# 黄头精灵

黄头溪蛉
*Osmylus fulvicephalus*
拉丁语*fulvum*
意为"浅黄褐色",
*cephalus*意为"头"
脉翅目。

较之表亲飞虱精灵,此小精灵可谓谨小慎微。想看它,得进入森林的中心地带,说得再准确些,是要来到阴凉的溪流边才可以。羽化变身前,它们的幼虫在青苔上爬来爬去,捕食其他小精灵。有时,人类的洗衣机也可以作为其幼虫的温床,但前提是这台洗衣机得是废弃的,而且挡板上植物密布。

## 天赋
幼虫用长长的剑状口器刺穿战利品,并在其中注入毒液。

## 魔力
森林中央的水边,黄头精灵护佑着所有擅自闯入的人类及非人类。

44—45

# 荨麻蛱蝶
# 精灵

荨麻蛱蝶
*Aglais urticae*
拉丁语*aglaia*
意为"鲜红色；
阿格拉伊（*Aglaé*）是丘比特的
一个女儿"；
*urtica*意为"荨麻"
鳞翅目。

它们是白天的精灵，人们用荨麻的色彩来形容它们。只有太阳向它们示意冬天离去后，它们才会走出藏身之地。生命的早期，无翅的它们爬行于拥有成千上万种功效的食物——荨麻上。羽化后，它则挥舞着橙色的翅膀。但愿山雀精灵没有找到它那小心隐藏且美味可口的蛹。它会为身上的颜色和斑点而蜷缩，它们的存在使它形似乌龟精灵的甲壳。

## 天赋
它将翅膀闭合，逃离人类和风雨。整个冬季它们都保持警惕。

## 魔力
在满刺的蓟上突然捉住采蜜的荨麻蛱蝶精灵，有助于缓解痛苦。

# 曙光精灵

红襟粉蝶
*Anthocharis cardamines*
希腊语*anthos*意为"花"，
*charis*意为"希腊美惠三女神
（美惠三女神指的是
希腊神话中分别代表着
妖媚、优雅和美丽
这三种品质的三位女神。
——译者注）"
鳞翅目。

受古代女神恩赐的精灵，经常寻找十字形状即十字花科的花朵。这些花朵保佑它们可以在我们的牧场和花园里产卵。它们的同类粉蝶——让人惊艳的白色蝴蝶，与它们一起宣告春天的来临。倘若天亮时微弱的曙光使人们注意到雄性的橙色翅膀，那么此小精灵便会转瞬消失不见；而当它们闭合了翅膀，就会形同地衣（地衣是真菌与藻类共生的特殊低等植物。——译者注）。

## 天赋
它们的蛹攀附在一株植物上默默无闻地度过了冬季，因为人们把它们当成粗刺了。

## 魔力
雄性飞过你的头顶时，好消息也会随之而来。

# 罗纱精灵

绢粉蝶

*Aporia crataegi*

拉丁语*aporia*意为"怀疑"，

*crataegus*意为"山楂树"

鳞翅目。

此小精灵是曙光精灵众多同类中的某一类。它们的表面可和一种古老的、透明的、有纹理的布料——罗纱媲美。有时人们会用罗纱来装饰裙子。它们的翅膀几乎没有颜色和鳞毛，是否就是由于这个原因，它们的名字里才有了"怀疑"的意思？尤其值得一提的是，它们的名字也含有寄宿植物——山楂树的意思，这种树木常常成为其后代安居的首选之地。山楂树是精灵们真正的栖息地，它的功效繁多，其中就有保护作用。

## 天赋
它们的幼虫群居共同织巢过冬。

## 魔力
捕捉到在山楂树上产卵的罗纱精灵将会在整整一季中获得双重庇佑。

# 柳紫闪蛱蝶精灵

柳紫闪蛱蝶
*Apatura ilia*
拉丁语*Apatura*
意为"维纳斯的别称";
*Ilia*意为
"罗马神话的女祭司"
鳞翅目。

此精灵蓝紫和褐色结合的外衣闪闪发光,它也因此而得名。名字的另一说法是关于女祭司伊利亚的故事,她曾邂逅战神。而另一则故事则强调它名字里的 *Apatura* 与"蓑狒"同义,意为"森林女神"。此精灵的确偏爱浅色树林,因为那里可以藏匿后代。当它们还是毛毛虫的时候,便生活于杨树或柳树上,而这两种植物也是拥有各种能力的生灵。

## 天赋
幼年时它们便拥有巨大的触角,这足以让专心观察它们的人感到惊艳。

## 魔力
能够瞥见其蓝色翅膀的人将会或多或少地做些改变。

# 柔弱精灵

小蓝蝶
*Cupido minimus*
拉丁语*Cupidon*意为"爱神"，
*minimus*意为"极小的"
鳞翅目。

小蓝蝶是平日我们所见的蝴蝶精灵中最小的一个种类。它们的幼虫以其优先选择啃啮的花朵为生，例如疗伤绒毛花或是沙三叶草。它们的孩子们会发出一种微弱的叫声，可以呼唤蚂蚁前来保护它们，作为交换，它们要为其提供一种只有它们自己才知道的养分。因为有了这些生灵的帮助，柔弱精灵才得以在杂草茂密、阳光照耀或人类忽略的地方繁衍生息。

## 天赋
后代拥有和喂养它们的花朵一样的颜色，所以它们几乎是隐形的。

## 魔力
柔弱精灵会为看见雄性翅膀上微蓝鳞毛的人带来爱情。

# 金盏花
# 精灵

黄粉蝶
*Colias crocea*
希腊语*kolias*意为"维纳斯",
拉丁语*croceus*
意为"橘黄色的"
鳞翅目。

橘黄色的小小精灵,形似一
朵盛开的金盏花或作为香料
的藏红花。每年,它们从非
洲翩跹而来,逗留在欧洲南
部炎热的牧场里。它们的孩
子们蚕食牧场里的苜蓿或金
花菜,然后化身为蛹。和其
他的橘黄色同伴一样,它们
醒目地宣告春天的来临。

## 天赋
羽化后,它们便从非洲旅行
至欧洲。

## 魔力
它们翅膀上橘黄色的粉末会
为人们带来热情和鼓励。

# 芥菜精灵

小粉蝶
*Leptidea sinapis*
希腊语*leptos*
意为"瘦小的、娇弱的",
拉丁语*sinapis*意为"芥菜"
鳞翅目。

优雅的小粉蝶精灵,较之其白色同类们,它们要更瘦弱、更修长一些。自1758年,也就是最后确定它名字的日期起,它名字里的 *sinapis* 就误导了人们,因为它们根本不吃芥菜。当时的观察者们不会观察到它们的幼虫在野生豆科植物,比如百脉根上爬行吧?它们的露天生活昙花一现,然而月复一月,我们遇到的都是它们的新生代,正是这些新生代才让我们深信此精灵羽化后可以存活很久。

## 天赋

成蛹后,它们攀附在一株植物的茎上,潜伏着度过冬日。

## 魔力

无论是谁,只要在拥有诸多功效的百脉根上发现它的毛毛虫,都将忘却烦恼。

# 昼孔雀
# 精灵

昼孔雀
*Inachis io*
希腊语*Inachis*以及*Io*分别
意为"伊纳科斯的女儿"和
"阿尔戈斯的国王"
鳞翅目。

体形巨大的精灵，十分亲近
人类，它们生活在人类的花
园或谷仓里。它们翅膀上的
圆圈让人想起孔雀羽毛上的
圆圈。而从神话来看，它也
象征着阿尔戈斯的眼睛。幼
年尚未羽化之际，昼孔雀精
灵和荨麻蛱蝶精灵一起爬行
于荨麻上，那时它们还是扎
人的毛毛虫。

## 天赋

只要有荨麻，此精灵便与人
类为邻，它们会在人类阴冷
的房间里度过冬季。

## 魔力

对于它们寄居过的人家来
说，其翅膀上的粉末会发挥
魔烛般的作用。

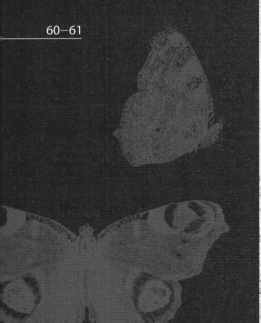

# 白菜精灵

大菜粉蝶

*Pieris brassicae*

拉丁语*pieris*意为
"缪斯或者皮耶罗斯的女儿",
*brassica*意为"白菜"
鳞翅目。

较之它的芥菜精灵同类,其身形更大一些。此精灵有时也会在芥菜上安家!因为这个缘由,人们在称呼它们的名字时,会把它们同小型的芥菜精灵混淆起来吗?它们也用其他植物来保护、喂养孩子们。有时还会光临人类种植的植物,比如萝卜、油菜或者辣根菜。从田野到城市,自春天开始,这是我们身边出现最多的一种精灵。它们飞翔时,挥舞着白色的翅膀。

## 天赋
它们中的某些精灵会大规模地迁移并勘探新的领域。

## 魔力
发现其蝶蛹的人将会拥有罕见的智慧,谓之自然主义。

# 沼泽精灵

橙灰蝶
*Lycaena dispar*
希腊语*lukaina*
意为"维纳斯或母狼",
拉丁语*dispar*意为"不同的"
鳞翅目。

荒芜的沼泽中或积水的草场里,雄性呈现的古铜色有时非常醒目。相反,雌性则默默地飞往水生植物,那里生活着它们尚未羽化的幼虫。很久以来,人类就决定保护此沼泽精灵,它们比其他铜色同类更为罕见。但事与愿违,它们蠢笨如牛,并未感受到人类欢迎它们的热情。

## 天赋
尚未羽化之际,其毛毛虫藏身于寄生植物上;冬季涨水时,它们偶尔沉入水底几周。

## 魔力
看见沼泽精灵飞翔天际的人,这一年里的稀有事也会随之而来。

# 腰带精灵

斑网蛱蝶
*Melitaea cinxia*
希腊语*Melite*
意为"神话的仙女"，
拉丁语*cinctus*意为
"被缠绕的，赋予朱诺
（朱诺，罗马女神，朱庇特之
妻——译者注）
——诸神女王的名字"
鳞翅目。

此精灵的同类数不胜数。几乎可以把它们归为孪生一族里，它的同类们分别被命名为蛱蝶、巢蛱蝶或螺钿蛱蝶。只有在阳光普照的草场才能看见此小精灵翩跹起舞的身影。腰带精灵以车前草为生，车前草具有上千种功效，并成为其幼虫的温床。有时，此精灵也会被色彩鲜艳的矢车菊吸引，于是也把它们当作养育孩子的摇篮。

## 天赋

它们的幼虫群集共同织巢过冬，之后分离、羽化成蝶。

## 魔力

发现、接近、观察它们在车前草上的卵，会为家庭生活带来平静氛围和凝聚力。

# 黑带金凤蝶精灵

黑带金凤蝶
*Papilio alexanor*
拉丁语*papilio*意为"蝴蝶"，
*alexanor*意为"马卡翁
（马卡翁，希腊医神——译者
注）的儿子"
鳞翅目。

此精灵是金凤蝶精灵的女儿
吗？反正神话是这么说的，
它们惊人地相似。它们和表
亲旖凤蝶一起，组成了体形
庞大的黑黄精灵家族，我们
可以在草场的上空看到它们，
有时它们也逗留在花园里。
只有瓦尔省、德龙省或者阿
尔卑斯山上的人才能在草木
稀少的山里看到它们。山上
的空气让它们在空中跳起了
芭蕾舞，而那里的植物则成
了它们幼虫的温床。

## 天赋
人们可以在海拔 1700 米的
山上欣赏它们从低到高的漫
长飞行。

## 魔力
遇到此稀有精灵，我们的生
活也会有所改变。

# 燃烧精灵

旖凤蝶
*Iphiclides podalirius*
希腊语*Iphicles*意为
"赫拉克勒斯（即罗马神话中的
赫丘利，完成12项英雄业绩。
——译者注）的兄弟"，
*Podalirius*意为
"马卡翁的兄弟"
鳞翅目。

人们用希腊两位神灵的名字来命名黑带金凤蝶和金凤蝶的同类，这足以说明此类大型精灵经常出没于人们的视野中。人类很容易关注它们那黄色的大翅膀、火焰般的花纹还有它那长长的后翅尾。它们将卵产在隐蔽的小灌木丛中、野李树上或炎热而安静的果园里的树上。

## 天赋

毛毛虫爬行时，由前向后蠕动身体。这和祷告精灵如出一辙。

## 魔力

燃烧精灵在我们面前翩跹起舞时，我们再也不会惧怕火焰了。

# 蓝色精灵

普兰眼灰蝶

*Polyommatus icarus*

希腊语*polus*和*omma*
意为"像阿尔戈斯一样具有
多只眼睛",
*Icarus*意为"伊卡洛斯
(伊卡洛斯,代达罗斯之子,
父子二人插上蜡制的翅膀逃出
迷宫,但伊卡洛斯飞近太阳时,
蜡翼遇热融化,坠海而死。
——译者注)"
鳞翅目。

蓝色精灵的孪生同类不胜枚
举,它们的区别就在于蓝色
精灵的翅膀上长了"眼睛",
那也是巨人阿尔戈斯的眼睛。
它们和人类很亲近,只要它
们在花园里觅到热情洋溢的
寄生植物,如刺芒柄花或苜
蓿,就会安心定居。和脆弱
精灵一样,由蚂蚁精灵来喂
养和保护它们的毛毛虫。但
它们也懂得礼尚往来之道,
为对方供应只有自己知晓配
方的食物。

## 天赋

雌性一般呈褐色,但偶尔也
像雄性一样,全身呈天蓝色。

## 魔力

如果蓝色精灵在某家人的花
园里安家落户,那么这家人
会立刻感受到它们投来的呵
护目光。

# 佳人精灵

小红蛱蝶
*Vanessa cardui*
拉丁语*vanesse*
意为"光辉熠熠或轻浮靓丽的维纳斯"，
*carduus*意为"蓟"
鳞翅目。

此精灵从未远离过具有诸多功效的蓟，蓟的一种功能就是为精灵的飞行提供能量。我们可以随处遇见此精灵，人类的出现并未对其造成干扰。它们在我们花园的树上栖息，吸吮花蜜补充能量。云游天下之前，它们呈现黑色、无翅、浑身是刺的状态，并用16只足有起伏地爬行于植物上。

## 天赋
每年它们从非洲远道而来，有时要飞行上万公里才能抵达北欧。

## 魔力
它们在空中翩翩起舞，翅膀抖落的粉末让远足者精神焕发。

# 戴安娜
# 精灵

波吕克赛娜
*Zerynthia polyxena*
拉丁语*Zerynthia*
意为"维纳斯"，
*Polyxena*意为
"希腊神话公主"
鳞翅目。

它们是白天的精灵，却有一个夜间精灵——狩猎女神戴安娜的名字。难道是我们的祖先将它们与那些夜晚出没的浅白色精灵混淆了吗？戴安娜精灵并不常见，它们只生活在法国的东南部，其活动范围日渐缩小，主要是因为幼虫食用藤类植物的缘故。马兜铃就属于这类藤类植物，它们喜欢在荒芜的地方生长，而人类几乎不能容忍其存在，于是此藤类植物渐渐从人们的视野中消失了。

## 天赋
整个冬季，它们的蛹都纹丝不动，而且藏得严严实实。

## 魔力
与戴安娜精灵邂逅，预示着会有绝佳的运气。

# 小斧头
# 精灵

锈斑天蚕蛾
*Aglia tau*
拉丁语*Aglaia*意为"阿格拉尔，
朱庇特的一个女儿"，
*tau*意为"希腊文的字母*T*"
鳞翅目。

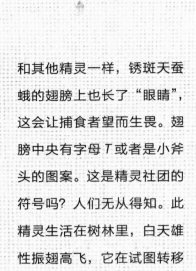

和其他精灵一样，锈斑天蚕蛾的翅膀上也长了"眼睛"，这会让捕食者望而生畏。翅膀中央有字母*T*或者是小斧头的图案。这是精灵社团的符号吗？人们无从得知。此精灵生活在树林里，白天雄性振翅高飞，它在试图转移我们望向地面的目光吗？因为在地上，它的配偶正乔装成枯叶的样子。

## 天赋
极小的毛毛虫白白的，有长长的红斑突起。接着，它会长得绿绿的、肥肥的，而附肢也消失得无影无踪。

## 魔力
透过它的"眼睛"依然能看到符号的人将在职业生涯中卓尔不群。

# 醋栗精灵

醋栗尺蛾
*Abraxas grossulariata*
拉丁语"*Abraxas*"意为
"神灵、宝石",
*grossularia*意为"醋栗"
鳞翅目。

它名字的起源酷似咒语里的魔力词语。难道它比庞大的家族同类们更神奇吗?这可不好说。我们应当知道这个家族的毛毛虫都能疾行,它们大踏步地爬完树枝,速度可比蝴蝶精灵快多了。出现在我们花园里时,它们总是兴高采烈的样子。而夜晚,它们飞舞盘旋于篱笆上。如果它们停歇在某处,我们得仔细打量它们中的每一只,因为它们每一只翅膀上的图案都不相同。

## 天赋
毛毛虫时期的颜色、斑点无异于羽化后成虫的颜色和斑点。这很神奇。

## 魔力
如果人们让醋栗精灵飞翔起来,就等于念了咒语。如此这般后,身心得到保护,伤口得以痊愈。

# 伊莎贝尔精灵

伊莎贝尔蝶
*Actias isabellae*
以*Isabellae*致敬西班牙皇后
伊莎贝尔二世
鳞翅目。

这是锈斑天蚕蛾和夜孔雀精灵的大姐姐，它们的翅膀有如彩绘玻璃，路过的人们叹为观止。然而，它们的生命稍纵即逝，存活不过几天而已。它们的王国很小，隐居于阿尔卑斯山和比利牛斯山里。它们将孩子们安置在特别的松树上，幼虫接下来会从树上爬到地面，并羽化成蝶。人类决定保护伊莎贝尔精灵，因为它们日渐稀少，也无法为自己和后代寻觅到理想的王国安身立命。然而它们却低调得让人类感觉疑惑，因为他们不知是否能有效地保护它们。

## 天赋
它们的卵藏在蛹中，有时得熬过两个冬季才能羽化成蝶。

## 魔力
关于伊莎贝尔精灵的传闻此起彼伏，然而只有极少的人能遇到它们并看到它们的能力。

# 刺精灵

刺斑蛾
*Aglaope infausta*
希腊语*aglaops*意为
"长着美丽的眼睛"，
拉丁语*infaustus*意为
"不祥的"
鳞翅目。

此小精灵常常藏匿于人们青睐的树木的刺中央，如山楂树或黑刺李树。而这些树木本身是由月亮仙子来看管的。有时它们会接近人类和果树。较之其五彩斑斓的斑蛾同类来说，它们略显灰暗，然而我们还是可以看见它们的红色项链以及翅膀里隐约可见的红色。

## 天赋
它们巨大的梳子触角让它们远远地就能嗅出同伴以及寄生树的味道。

## 魔力
若你的身边出现了刺精灵，那么阴暗念头将会离你而去。

# 绣线菊
# 精灵

六星灯蛾
*Zygaena filipendulae*
希腊语*zugon*意为"天秤"，
*filipendulae*意为"绣线菊"
鳞翅目。

刺精灵的大姐姐，此精灵和槌头双髻鲨共享"*Sphyrna zygaena*"的名字。和槌头双髻鲨及其槌头一样，此精灵的触角像极了秤的两个托盘，用来平衡它们头部两侧。它们翅膀上的10—12个红点让那些意欲吞食它们的动物望而生畏。是它们在眷顾着绣线菊。

## 天赋
此精灵忧心忡忡时会分泌出一种含有氰化物的液体。

## 魔力
此精灵虽然有毒，却受邀至绣线菊的餐桌上，它们为在花园里迎接它们的人带来平衡。

# 豹纹精灵

豹灯蛾
*Arctia caja*
希腊语*arktos*意为"熊"，
*caja*意为"妻子"
鳞翅目。

此精灵只有挥舞其五彩斑斓的翅膀时，才会引人注意。大部分时间，它们都纹丝不动。它们偶尔亲近人类，其翅膀上的鳞毛会让人们将其忽略。在疯长的野草里，它们的孩子们包裹着厚厚的长毛，人们无法视而不见，将其称作熊、貂或毛虫。

## 天赋
此精灵被打扰时，会使坏地突现让人望而生畏的颜色。

## 魔力
如果您接近豹纹精灵，而它们却未展示自身色彩，那么在接下来的日子里，您都会获益良多。

# 浅绿精灵

青尺蛾
*Campaea margaritata*
拉丁语*campae*意为"弧形"，
*margaritatus*意为
"珍珠装点"
鳞翅目。

此浅绿精灵被赋予了一层如同珍珠般的白色反射光。它精心装扮得如此美丽，让那些猎奇者心醉神迷。然而它们对别的动物还是很防范的，倘若不振翅飞翔，任何动物都不会注意到它们。它们的幼虫驻守在篱笆上，得到了无微不至的照顾。它们大步流星地逛着小灌木丛，这和醋栗精灵以及其他诸多精灵的幼虫并无区别。它们无翅，匍匐躯体勇往直前。

## 天赋
无论白天黑夜，它们均能任意飞行。

## 魔力
看到人类的灯光时，它们会在不远处停留，而它们的珍珠白也将护佑我们。

# 乞讨精灵

平纹细布蛾
*Diaphora mendica*
希腊语*diaphora*
意为"不同的"，
*mendicare*意为"行乞"
鳞翅目。

穿上女王范儿大衣的小精灵，用它们的白色为寻找藏身之处的人们照亮道路。醒目的雄性身着褐色大衣，而脖子上的长毛让其备显尊贵。不知这款大衣是否会让人们想起从前化缘的和尚？它们是花园里的常客，不同种类的草和普通植物都会为它们的幼虫提供栖身之地，其中就有善良的蒲公英和车前草。

## 天赋
每只精灵翅膀上的黑色都不尽相同。

## 魔力
如若它们迎着人类住户的灯光飞翔，那么此户人家将会在几天之内得到它们的庇佑。

# 葡萄精灵

象鹰蛾
*Deilephila elpenor*
希腊语*deile*和*phileo*意为
"喜欢黑夜的人"，
*Elpenor*意为
"尤利西斯变成猪的伙伴"
鳞翅目。

尽管外形和颜色非常醒目，但人们几乎看不到此精灵。究其原因不过是由于它们在夜幕降临时才展翅飞翔，而白天却藏身于植物中。人们只有在它们翩跹起舞时才会看到它们的粉红裙子。尽管名字有些怪异，但此精灵还是将它们的幼虫安放在不同的植物上，有时它们离我们居住的地方不远，我们便可就近观察它们的天蛾身形和猪头。

## 天赋

幼虫受到威胁时会直立起来，藏头、摇晃，而且还会伸出长了假眼的蛇头。

## 魔力

天蛾、葡萄、猪、蛇……此精灵的不同面孔使人们产生了疑惑——它在自己的领地上究竟被何种能力控制？

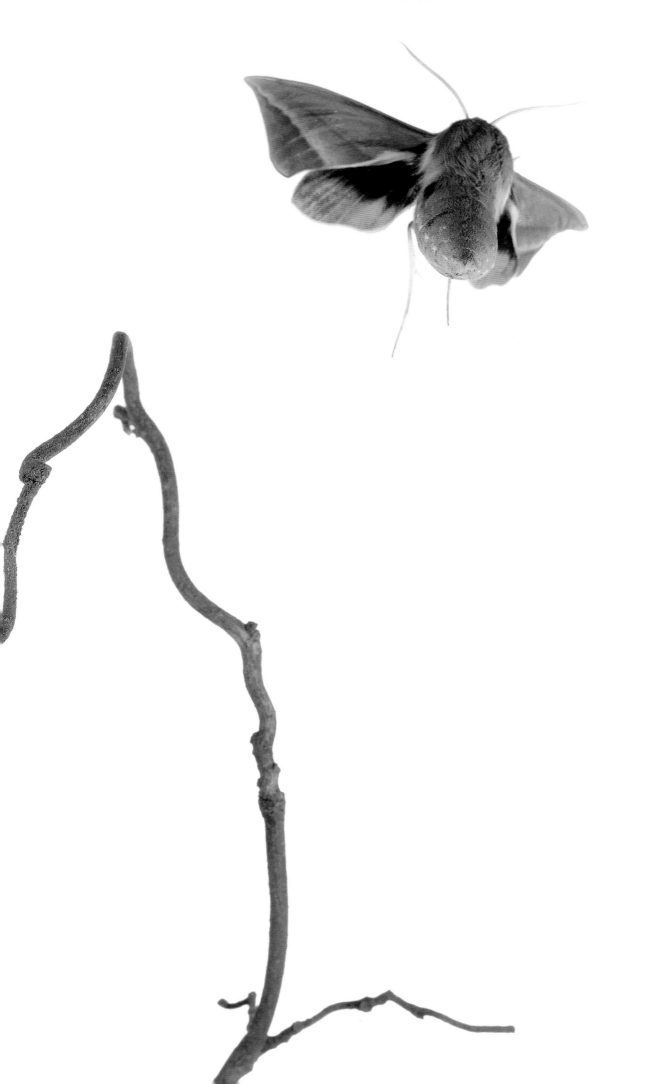

# 鬼脸精灵

鬼脸天蛾

*Acherontia atropos*

拉丁语*Acheruns*

意为"冥河阿克隆",

*Atropos*意为

"中断生命线的神灵"

鳞翅目。

体形巨大、夜间出没的精灵,背上赫然呈现一张鬼脸图。此精灵是从地狱里逃出的吗?它们是低语死人名字的巫师吗?黑色魔法、厄运或噩梦都有它们的身影。它们早已臭名昭著,人们听过它们的尖叫或见过它们在蜂巢中偷吃蜂蜜的癖好。还有更让人匪夷所思的事——它们的幼虫吃有毒、不祥的植物,如魔鬼的樱桃、长刺的苹果……其实此夜间精灵根本不是什么巫师,它们也光顾花朵、成熟的水果或是饱含汁液的树木。

## 天赋
它们每年迎风从非洲远道而来,不过是在夜间启程。

## 魔力
撞见此羽化后的或无翅的精灵,将会最后一次面对对黑夜的恐惧。

# 椴树精灵

钩翅天蛾

*Mimas tiliae*

拉丁语*Mimas*意为
"神话巨人"，
*tilia*意为"椴树"
鳞翅目。

它们的身形及高超的伪装术足以欺骗我们。然而，只有那些不怕黑夜的人才有机会遇到此精灵，有时它们就潜伏在城市的椴树四周。只要不奔波忙碌，它们便养精蓄锐，不会像其他天蛾同类们那样长途跋涉。羽化后，它们的生命稍纵即逝，死前它们根本无心进食。它们产下幼虫，幼虫粘在富有营养的叶子背面。

## 天赋

每只精灵的颜色都不一样，褐色、绿色、橘黄色依次渐变。

## 魔力

遇到椴树精灵将为我们的判断带来不易察觉的变化。

# 巢蛾精灵

巢蛾

*Yponomeuta sp.*

拉丁语*hyponomus*

意为"往下挖掘"

鳞翅目。

夜晚的小巧精灵，它们的白色斗篷使其貌似乞讨精灵。然而其无翅生活却非同寻常。它们群集织巢藏身，有时巢能容纳很多幼虫。面对捕食者时，所有幼虫都会齐心协力共同抗敌。

## 天赋
它们可以用丝把整棵树或树枝完全缠绕。

## 魔力
如果巢蛾精灵定居于我们的住所附近，那集体生活定会如鱼得水。

# 战马精灵

圆掌舟蛾
*Phalera bucephala*
拉丁语*phaleratus*
意为"佩戴奖章的"，
*bucephala*意为"公牛头"
鳞翅目。

它们与亚历山大大帝（亚历山大大帝，马其顿国王——译者注）的战马同名，还有一个公牛头和几枚奖章。此精灵的头部及侧面的盾形纹总让那些发现它们的人叹为观止。它们从未远离过桦树、柳树或者桤木，因为这些树木能为它们的幼虫提供营养，而在传说中，这些也是仙树。

## 天赋
如果它们停在树皮或小树枝上，我们根本看不到它们。

## 魔力
它们承诺为那些遇到它们的人赋予财富和力量。但请务必保持清醒，因为此精灵只有在夜深人静之际才会翩跹而来。

# 夜孔雀
# 精灵

夜孔雀蛾
*Saturnia pavonia*
拉丁语*saturnia*意为
"萨杜恩（农神）的女儿"，
*pavo*意为"孔雀"
鳞翅目。

好几种精灵的翅膀上都长了
"眼睛"，人们由此联想到孔
雀羽毛上的眼睛。其中一种
是白天的昼孔雀精灵；而另
一种则是体形更大、更亲近
人类的夜孔雀精灵。此精灵
飞翔在长满欧石楠的山丘附
近，因为这是其幼虫的首选
温床。和其他大型同类一样，
人们有时难以将它们同蝙蝠
区分开来。人们会在暮色沉
沉的天空中看到它们的巨大
身影。

## 天赋

羽化成蝶时，此精灵无心顾
及甘露，亦不会找寻其他乐
趣。翩跹起舞后的生命稍纵
即逝。

## 魔力

夜孔雀蛾翅膀上的孔雀眼暗
中观察并保护着飞过的每一
户人家。

# 新娘精灵

裳夜蛾
*Catocala nupta*
希腊语*Kalos kato*
意为"躲藏的美人"，
拉丁语*nupta*
意为"新娘、妻子"
鳞翅目。

此精灵隐藏于它那"红色内衬的裙子"里。如果人们不去赶走它们，它们便乔装打扮藏在树上。倘若没有耐心等待它们振翅飞翔，人们根本不可能看见它们的内衬。它们那些几近孪生的同类，也有女士的名字，如女选民、未婚妻或女朋友。

## 天赋
只要人类的公园里种植了柳树或杨树，它们就会在里面产卵。

## 魔力
如果有人看到它们撩开"裙子"露出红色内衬，那么此人必将在当年坠入爱河。

# 叉尾精灵

黑带二尾舟蛾
*Cerura vinula*
鳞翅目。

此精灵从未远离过水，寄生于柳树或杨树上。是因为别的水精灵，比如鲁萨尔基（鲁萨尔基，斯拉夫神话里的一种水怪、女妖，或栖息在水中像美人鱼样的妖怪。——译者注）也定居在那里吗？它们绝对可以避开人类的视线。当然我们可以确定的是，它们的幼虫会在那里生活。其无翅、绿色、肥胖的状态会吓到那些打扰它们的人。人们接着会看到它们打开尾巴后呈现的怪物面具——黑色的大眼睛，两个长长的，摇摇晃晃并散发气味的叉尾。

## 天赋
羽化前，它们藏在乔装网里，正是这张网让它们的蛹与树枝合二为一。

## 魔力
遇到尚未羽化的叉尾精灵后，人们将会做一场噩梦，之后恐惧渐行渐远。

# 石蛾精灵

石蛾
*Halesus sp.*
希腊语*tricho*意为"毛"，
*ptèron*意为"翅膀"
毛翅目。

石蛾是极不醒目的小小水精灵，无论是羽化后的、飞行的，还是无翅的、水生的，都未曾引起人们的注意。它们藏在就地取材的保护房里，比如用小树枝或小石子搭成的屋子。它们行动敏捷，乔装术高明，能保护好自己，所以唯有垂钓之人才知道在哪里能找到尚未羽化的它们。

## 天赋
小精灵吐丝织巢，偶尔也织网捕食。

## 魔力
看到被石蛾幼虫遗弃的巢后，人们的愿望能够得以实现。

# 圆柱精灵

圆柱蝇
*Cylindromyia sp.*
希腊语*takinos*
意为"迅速的",
拉丁语*cylindrus*
意为"圆柱体"
双翅目。

圆柱精灵和其寄蝇同类极尽损人利己之能事。它们飞行时急速而精准。它们在受害者身上产卵。幼虫爬出卵巢,尚未羽化,没有爪子,羽化之前,它们蚕食卵的内部。此图中的圆柱精灵在飞往花上采蜜、汲取能量之前是从一只臭虫精灵的体内爬出来的,而后者早已死亡。

## 天赋
此精灵羽化后,便飞去寻觅花花世界,吮吸花蜜。它们和其他以花为生的精灵一起为花朵授粉。

## 魔力
倘若你正好与野花上采蜜的圆柱精灵目光交错,那么你定会远离内心的痛苦。

# 食蚜蝇
# 精灵

食蚜蝇

*Xanthogramma sp.*

拉丁语*syrphus*意为"苍蝇"，

希腊语*xanthos*

意为"黄色的"，

拉丁语*gramma*意为"线"

双翅目。

此精灵生活在花园、田野里，它会让我们误以为是胡蜂吗？无论如何，捕食它们的动物们会多加防范，然而它们自己却不伤及无辜。孩提时，它们无翅无爪，爬行于植物上寻觅鲜活的蚜虫精灵。变形时，它们逃离人们的关注，因为藏在蛹里的它们异常脆弱。

## 天赋

它们能为各种家花、野花授粉，并且效率极高。

## 魔力

只要此精灵挥挥翅膀，便会赶走萦绕于我们花园或阳台上的阴暗念头。

# 蝶蝇精灵

蝶蝇
*Psychoda sp.*
希腊语*psyché*意为"蝴蝶"，
*eidos*意为"形状"
双翅目。

翅膀毛茸茸的小精灵，有时人们会将它们和螨虫精灵混淆起来。尤其是当它们进入我们屋里产卵的时候。幼虫爬行于管道的隐蔽处，那是它们享受盛宴的地方。此精灵及其同类小心翼翼地在我们的头顶不远处盘旋飞舞，它们飞行如同跳跃。羽化以前，它们细长、透明，像极了小小的毛毛虫。

## 天赋
幼虫生活在人们难以企及的角落里，它们在那儿用上颚咀嚼垃圾。

## 魔力
它们被热烈邀请至一户人家做客时，体内会逸出香气。

# 蜂虻精灵

大蜂虻
*Bombylius major*
拉丁语*bombus*意为"嗡嗡声"，
希腊语*bombyle*意为
"形状如同带细长瓶颈的
椭圆瓶子"
双翅目。

此精灵浑身覆盖着浓密的金毛。和其苍蝇同类一样，它们有时以吮吸花蜜为生。不知情的人们还以为是熊蜂精灵干的好事。究其原因，主要是因为人们没有看到它们短短的触角和指向前方的长鼻。它们的幼虫去其他精灵——比如蜜蜂或野胡蜂的巢里做客。一旦进入人家的巢里，它们便会吞食所有，包括邀请它们的主人。

## 天赋
它们以固定姿势飞行于花儿上方，那保持不变的姿态无懈可击。

## 魔力
此精灵属于苍蝇家族，它们能让每一只熊蜂消失得无影无踪。

# 熊蜂精灵

春季熊蜂
*Bombus sp.*
拉丁语*bombus*意为"嗡嗡声"
膜翅目。

圆滚滚、毛茸茸的熊蜂精灵，与花儿、泥土为伴。它们在花上与野蜂同类们相逢，吸食花蜜和花粉。它们将一部分食物搬到地下的秘密洞穴里。而这种隐藏食物的方式却被别的泥土居民模仿了，比如田鼠或野鼠。茂密的野草丛中，它们偶尔也把家搬至螳螂精灵的卵旁。

## 天赋

和其他蜂一样，它们用后肢来运送花粉。

## 魔力

冬季过后，如果有人遇上巨大的熊蜂女王，那么这个人定会充满热情地积极投身于工作中。

# 锯子精灵

双峰驼树蜂
*Xiphydria camelus*
希腊语*xiphos*意为"剑"，
拉丁语*camelus*意为"骆驼"
膜翅目。

较之喜爱社交又爱在宽敞的巢里吵吵闹闹的胡蜂同类，此精灵的确谨小慎微。它们生性孤僻，从不曾离开幼虫寄宿的桦树或桤木半步。它们那有锯状小齿的产卵器藏在剑套里。它们也会用产卵器挖凿树木并安放幼卵。倘若它们的孩子们突然从树木里消失不见了，那一定是它们羽化变形后重见天日了。

## 天赋
它们的孩子们全身白色，用上颚挖掘坑道。

## 魔力
遇上锯子精灵的同时，我们也得到了具有各种能力的桦树、桤木的庇佑。

# 龙虱精灵

龙虱
*Dytiscus marginalis*
希腊语*dutikos*意为"潜水员"
鞘翅目。

全身浑圆、轮廓清晰、行动迅速，此淡水精灵用它们长长的、形同船桨的后足来游泳。如果水蒸发殆尽，它们便会展翅飞行去寻找新的水栖领域。它们的无翅孩子们，用大大的、尖尖的上颚凿穿猎物。它们羽化的过程将在河床隐蔽的泥土房里完成，这一过程将持续数周。

## 天赋
它们将氧气储存在鞘翅的盾牌下，并分泌出一种乳白色的化学武器。

## 魔力
抚摸过它们盾牌的人，将会得到沼泽邪恶生灵的庇佑。但是当心，人鱼妖和它们一样，均来去匆匆。

# 瓢虫精灵

异色瓢虫

*Harmonia axyridis*

拉丁语*Harmonia*意为

"战神维纳斯的女儿;和谐的",

*coccus*意为

"红珠;猩红色的"

鞘翅目。

这只来自异地的小精灵与其一百个同类在花园里相聚,它们有时穿两点装,有时着七点装。它的翅膀,藏在坚硬如石的壳里。它们振翅飞翔去寻找鲜活的蚜虫,或长时旅行去寻觅栖身之所,以熬过冬夏两季。其某些橘黄色或黄色的同类是素食主义者。其中一种同类身上的斑点多达二十四个,然而它们不会因此而活得更久,通常不到一年便香消玉殒。

## 天赋

它们的颜色和颜色变异让捕食者望而却步。

## 魔力

要是它们对着我们指向天空的手指飞翔,那我们定会实现愿望。

# 鹿角锹甲
# 精灵

鹿角锹甲
*Lucanus cervus*
拉丁语*lucanus*意为"卢卡尼亚
（卢卡尼亚，古代意大利
南部地区——译者注）
的金龟子"，
*cervus*意为"鹿"
鞘翅目。

异常醒目且气质独特的大型
精灵，主要是因为它那形同
鹿角般的"触角"。夜晚，它
现身天际，人们才能看见它
的身影。它们缓慢飞行，时
间都用来寻找可以吸食的汁
液或者是一棵落地的树木，
以便作为幼虫的温床。它们
的甲胄使其不会因情爱厮杀
而受伤，而厮杀经常发生在
一棵患病的栎树周围。枯木
可以喂养它们的孩子们，这
一过程长达六年。和其他鞘
翅目精灵一样，它隐藏在坚
硬如石的翅膀壳下，人们将
其称为鞘翅。

## 天赋
雌性排出的粪便的气味会吸
引雄性前来相会。

## 魔力
捉到它，却未被它夹到，意
味着我们的运气会一直都有。

# 犀牛精灵

独角仙
*Oryctes nasicornis*
希腊语*oruktes*意为
"善于打洞的动物"，
*nasicornis*意为
"鼻子上的触角"
鞘翅目。

体形笨重、行动迟缓的精灵，人们可以从其或大或小的触角上将它们辨认出来。夜晚，它们围绕着我们的房子悄悄飞行，即使偶尔靠近灯光，我们也觉察不到它们的存在。腐殖土、成堆的叶子、枯木或是浓密的野草都迎接并喂养它们的幼虫，此过程将持续一至两个冬季。羽化后，它们身披厚厚的褐色甲胄；孩提时，它们瘦弱无翅，全身白色，并将自己隐藏起来。也只有在这样的状态下，真正对它们感兴趣的人才得以近距离观察它们。

## 天赋
它们用触角便可轻松举起对手。真乃神力！

## 魔力
只有那些把手放在它们触角上的人，才能体会到触角产生的力量。

# 金花精灵

金花金龟

*Cetonia aurata*

拉丁语*auratus*意为"饰金的"

鞘翅目。

春夏精灵，它们的颜色随光线而变成金绿色或镀铜色。人们会看到它们躲藏在野花中汲取能量。捉住它们的人也会因它们飞行的速度而大吃一惊。这个家族中的三十种精灵，要么穿黑点黄色外套，要么穿白点黑色外套。它们将白色幼虫藏于枯死的植物里，有时也会去空心树木那里寻求庇护。

## 天赋

它们轻轻抬起鞘翅后，翅膀迅速伸展，于是得以完成空中特技飞行。

## 魔力

有人捉住它，将它放到手心仔细观察，之后又将它放飞天际。那个人的日子于是也过成了金花金龟寄宿花朵的颜色。

# 咬人精灵

皮花天牛
*Rhagium mordax*
拉丁语*mordax*意为"咬人的"
鞘翅目。

不能用手指紧紧捏住这些长着长长触角的任意一种精灵——比如天牛或咬人精灵的人，也不会让自己被它们轻轻咬到。其实无须去冒这个小风险。此森林精灵在花朵，比如山楂树的花朵上觅食时，极为醒目。它们混迹于其他传粉精灵中，只管采蜜。

## 天赋
它们那白色的尚未羽化的幼虫蚕食枯木，数月后变身成虫。

## 魔力
路上遇到此精灵，可以确认自己的秉性。

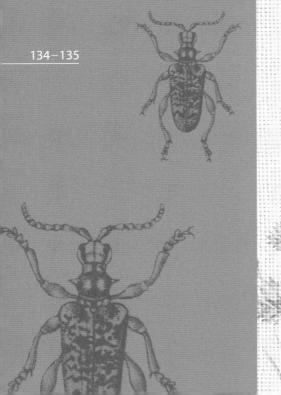

# 毛茸茸
精灵

蜜蜂甲虫
*Trichius sp.*
希腊语*trichos*意为"毛"
鞘翅目。

金花精灵的同类，毛茸茸的，和熊蜂精灵极为相似。它们光顾野花，并从花中汲取能量。它们将卵产在地上，幼虫们蚕食枯死的植物。尚未羽化的白色幼虫藏在花粉囊里，在黑暗中度过两个冬季，然后羽化成仙。

## 天赋
蜜蜂甲虫和其他传粉精灵一起参演以花为生的精灵们的芭蕾舞剧。

## 魔力
有人捉住一只蜜蜂甲虫，并将它放到手心上仔细观察，之后又将其放飞天际，那人便会全身充盈着快乐的满足感。

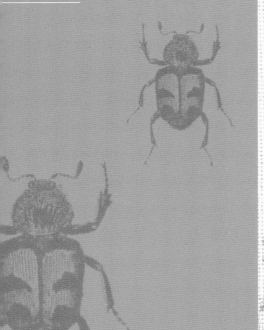

图书在版编目（ＣＩＰ）数据

路边偶遇的昆虫：真实的自然精灵 / ［法］弗朗索
瓦·拉塞尔，［法］斯特凡·赫德著；聂云梅译 . -- 北
京：生活书店出版有限公司，2018.1
ISBN 978-7-80768-218-9

Ⅰ . ①路… Ⅱ . ①弗… ②斯… ③聂… Ⅲ . ①昆虫学
– 普及读物 Ⅳ . ① Q96-49

中国版本图书馆 CIP 数据核字 (2017) 第 232149 号


策 划 人　李　娟
责任编辑　李　娟　孙　偲
装帧设计　谭韵霖
责任印制　常宁强
出版发行　**生活書店** 出版有限公司
　　　　　（北京市东城区美术馆东街22号）
邮　　编　100010
图　　字　01-2017-4876
印　　刷　鸿博昊天科技有限公司
版　　次　2018年1月北京第1版
　　　　　2018年1月北京第1次印刷
开　　本　880毫米×1230毫米 1/16　印张8.75
字　　数　54千字
印　　数　8000册
定　　价　78.00元
（印装查询：010-64052612；邮购查询：010-84010542）